原产中国

独特又宝贵的动物

龚长霞 王丹彤 编著　　赵赵渔夫 绘

中国大百科全书出版社

图书在版编目（CIP）数据

原产中国．独特又宝贵的动物 / 龚长霞，王丹彤编著；赵赵渔夫绘．-- 北京：中国大百科全书出版社，2025．6．-- ISBN 978-7-5202-1852-8

Ⅰ．Q958.52-49；Q948.52-49

中国国家版本馆CIP数据核字第2025BX6908号

原产中国——独特又宝贵的动物

出 版 人	刘祚臣	电　　话	010-88390786
责任编辑	吴　泱	印　　装	北京瑞禾彩色印刷有限公司
美术编辑	李　红	开　　本	889mm×1194mm 1/16
责任校对	邢　琳	印　　张	3.5
责任印制	魏　婷	字　　数	56千字
封面设计	郑媛媛	版　　次	2025年6月第1版
出版发行	中国大百科全书出版社	印　　次	2025年6月第1次印刷
网　　址	http://www.ecph.com.cn	印　　数	1—6000册
地　　址	北京市西城区阜成门北大街17号	书　　号	ISBN 978-7-5202-1852-8
邮政编码	100037	定　　价	118.00元

你听动物说……

目 录
contents

白鱀(jì)豚

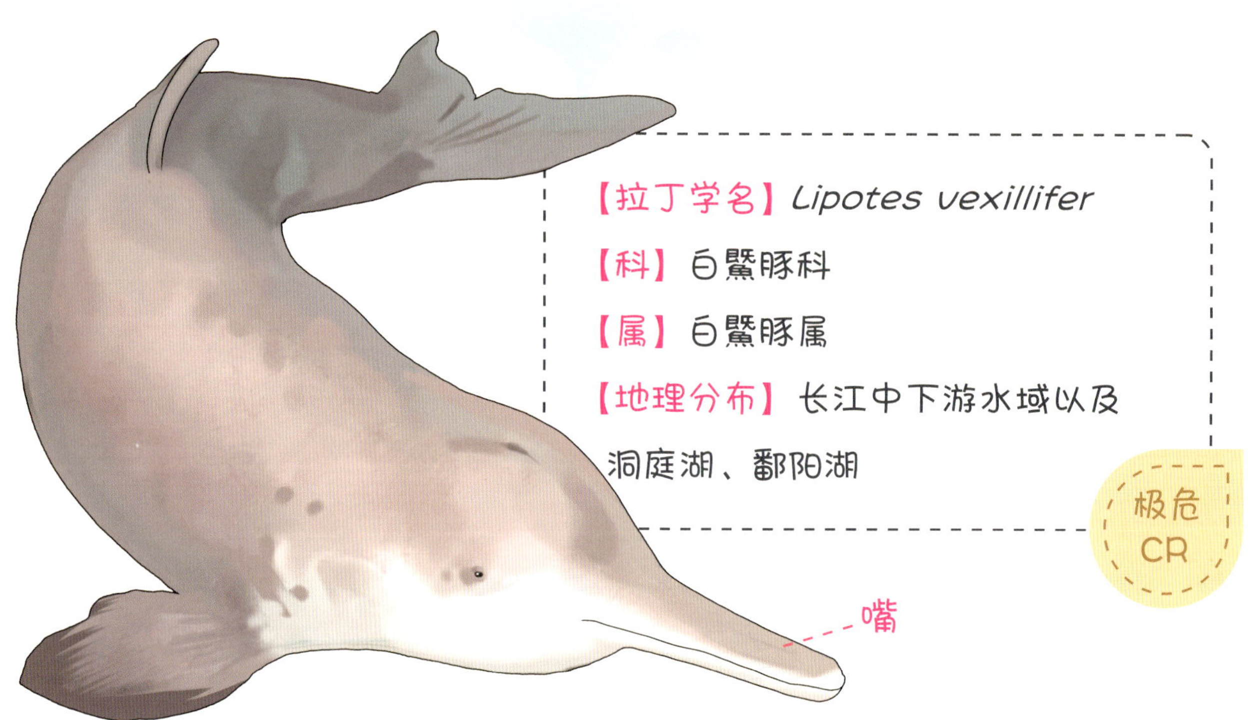

【拉丁学名】*Lipotes vexillifer*

【科】白鱀豚科

【属】白鱀豚属

【地理分布】长江中下游水域以及洞庭湖、鄱阳湖

极危
CR

白鱀豚的嘴部狭长，很像鸟喙，向前伸出大约30厘米

白鱀豚是中国特有的一种淡水鲸，曾分布于长江中下游水系与富春江，有“长江女神”之称。大约在2000万年前，白鱀豚生活在陆地上。后来，水陆变迁改变了它们的生存环境，它们逐渐移居到水中。水中生活使它们的体形变得与鱼类很相似，但它们仍保持着哺乳类动物的生理特征：用肺来呼吸，以胎生的方式繁殖后代。

出气孔

鳍

尾鳍

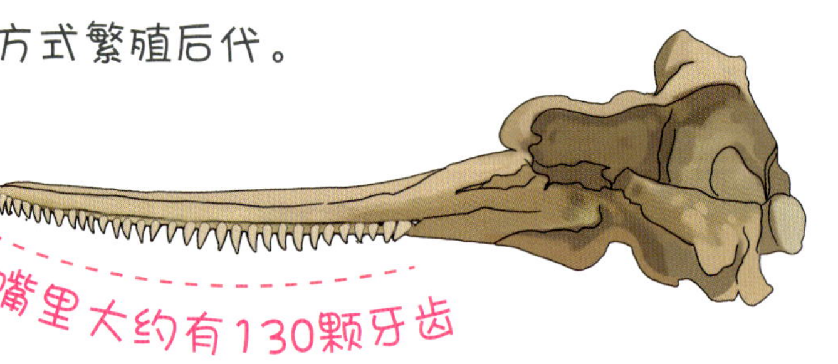

白鱀豚的大脑很发达，它们有一定的记忆和思维能力，受到攻击时，会发出低沉的鸣叫声，是一种非常聪明的动物。

“淇淇”是一头雄性白鱀豚，于1980年1月11日在靠近洞庭湖口的长江边被渔民捕获，当时体长1.47米，体重36.5千克，年龄约2岁，后由中国科学院水生生物研究所饲养，2002年7月14日8时25分辞世，此时的“淇淇”体长2.07米，体重98.5千克，年龄约25岁，在淡水鲸类动物中已属老龄。

“淇淇”作为研究保护白鱀豚的活体，在人工饲养下存活近23年，是世界上存活时间最长的四头淡水鲸类之一，不仅为研究保护其同类作出了贡献，还唤起了人类的环保意识，堪称人与动物的“亲善大使”。

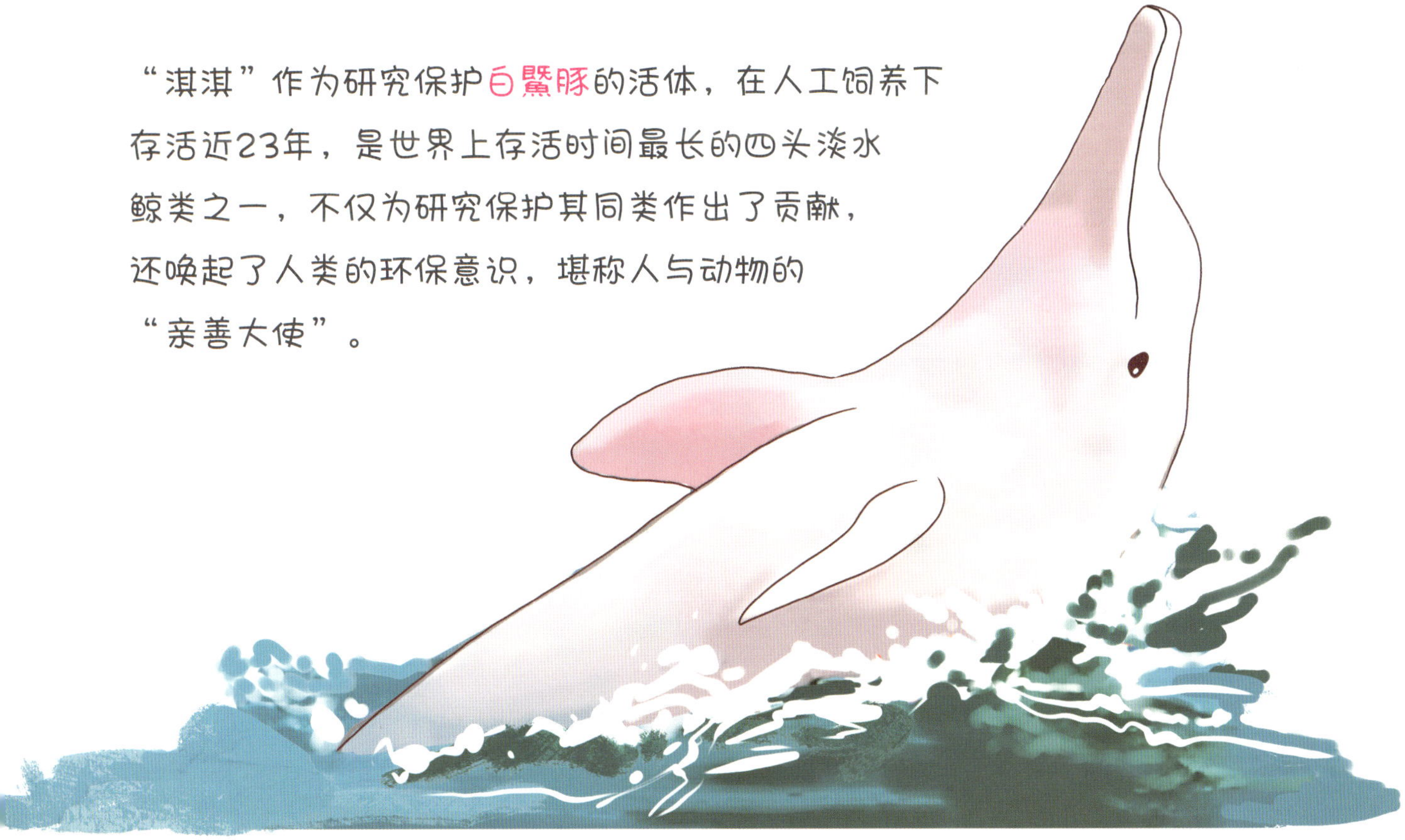

白颊猕猴

濒危
EN

【拉丁学名】*Macaca leucogenys*

【科】猴科

【属】猕猴属

【地理分布】中国西藏的墨脱和波密

白颊猕猴是灵长目猴科猕猴属的一种，它们大多住在中国西藏的墨脱和波密，在察隅可能也有家，2015年才被中国学者发现。

白颊猕猴身高56～72厘米，和1岁小朋友差不多。猴妈妈身材明显小于猴爸爸。它们背部的体色呈黄褐色至巧克力色，幼年时脸上淡红，随着年龄的增长面部逐渐变黑，并长出灰白色毛发，形成圆脸和白颊。白颊猕猴喜欢在白天活动，通常生活在多雄多雌的小群体中，群体一般不超过20只。

白颊猕猴和藏酋猴有什么不同呢？

白颊猕猴体型与藏酋猴相似，但它们有3个明显的区别：

1.白颊猕猴脸颊较白；藏酋猴脸部接近肉色。

2.白颊猕猴脖子处的毛发长而浓密，像是一条围巾；藏酋猴脖子处的毛发是短的。

3.白颊猕猴尾巴长度适中；藏酋猴尾巴很短。

白颊猕猴栖息于低海拔的热带雨林至2700米海拔的针阔混交林中

白头叶猴

白头叶猴又名花叶猴，俗称白头乌猿，因其头部高耸着一撮直立的白毛，且以树叶为食物，被命名为“白头叶猴”，它也是第一个由中国人命名的灵长类动物。

【拉丁学名】*Trachypithecus leucocephalus*

【科】猴科

【属】乌叶猴属

【地理分布】中国广西西南部崇左市所辖范围内的部分喀斯特石山地区

极危
CR

白头叶猴采食树叶

它们常年栖息在喀斯特石山地区，生性机警、活动灵敏，因此又被称为“石山精灵”。

白头叶猴和人类一样，昼出夜伏，清晨开始觅食，傍晚回到位于悬崖峭壁上的山洞过夜。它们爱吃树叶、树芽及花卉果实，是名副其实的“素食爱好者”。

白头叶猴成年体雌雄同型，体毛以黑色为主，但其幼仔却有着一身非常漂亮的金黄色毛发，当幼猴长到1岁左右的时候，灰黄色毛发便会褪去，黑毛渐渐长出，除了体形较小外，看上去就和父母差不多了。

尾长超过体长

白头叶猴最引人注目的要数它们那比身体还长的尾巴，长而结实的尾巴可以帮助它们在绝壁上移动时保持平衡，让它们自由地在树枝藤蔓间攀援，在崎岖的石山之间跳跃飞奔。

白尾地鸦

【拉丁学名】*Podoces biddulphi*

【科】鸦科

【属】地鸦属

【地理分布】中国新疆

易危 VU

在神秘的塔克拉玛干大沙漠里生活着一种不为人知的沙漠鸟——白尾地鸦。白尾地鸦属于小型鸦科鸟类，通体沙褐色，与沙漠环境颜色十分接近，能有效地隐藏自己躲避天敌。它不擅长飞行，却能在松软的流沙之上健步如飞，是奔跑在“死亡之海”的精灵，当地人称其为“沙喜鹊”。

前额、头顶至后颈为黑色

白尾地鸦还有一个特点就是鼻孔处长有鼻须，能阻挡风沙吹入鼻孔，帮助它们更好地适应风沙肆虐的严苛生存环境。

白尾地鸦是杂食性动物，以昆虫、植物的种子及果实为食。有意思的是，它们会将食物埋藏到沙土之中储存起来，且埋藏点位很多，等有需要的时候再挖出来食用，这种习性能帮助它们在食物极度匮乏的沙漠里生存。

巢和卵，碗状巢穴常由枯草、枯叶、兽毛等搭建而成

白尾地鸦的“储备粮”里有一些植物种子会萌芽，虫卵会孵化，对动植物种群的繁衍有积极作用，因此白尾地鸦也是一位优秀的“播种者”。至于这位“播种者”是如何记住大量食物埋藏地点的，至今仍是未解之谜。

白鲟

【拉丁学名】*Psephurus gladius*

【科】长（匙）吻鲟科

【属】白鲟属

【地理分布】主要分布于长江水系

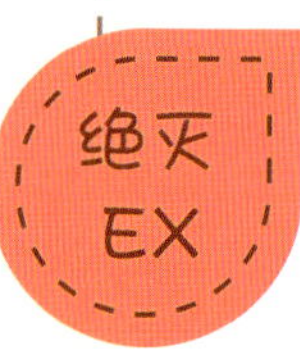

白鲟在古代被称为鲔，它还有一个很好听的名字——中国剑鱼。之所以叫剑鱼，是因为白鲟的吻部特别长，甚至能达到体长的1/3，像一把长剑一样。

白鲟是一种大型鱼类，体长最长可以达到7米，体重最重能达到1吨，因此也被称为“中国淡水鱼之王”。

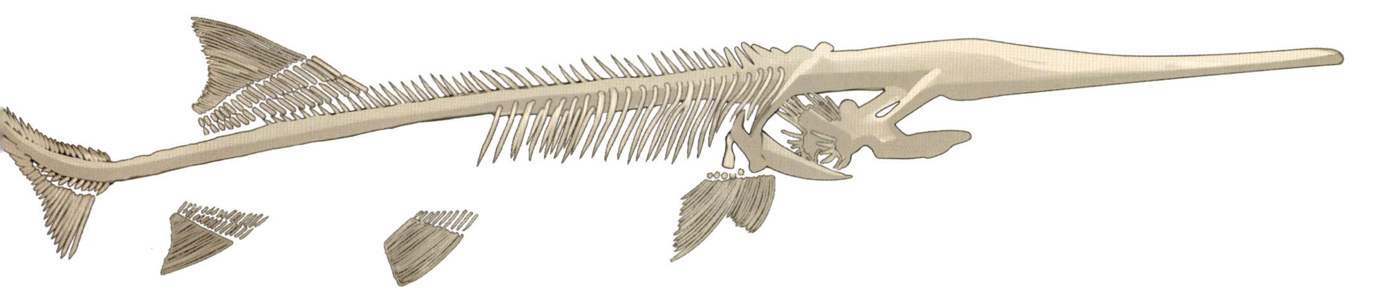

白鲟这种体态庞大的远古鱼类，曾与恐龙为邻，在长达1.5亿年的漫长年月里，游过了白垩纪，在恐龙大灭绝中幸存，是长江中的“活化石”。

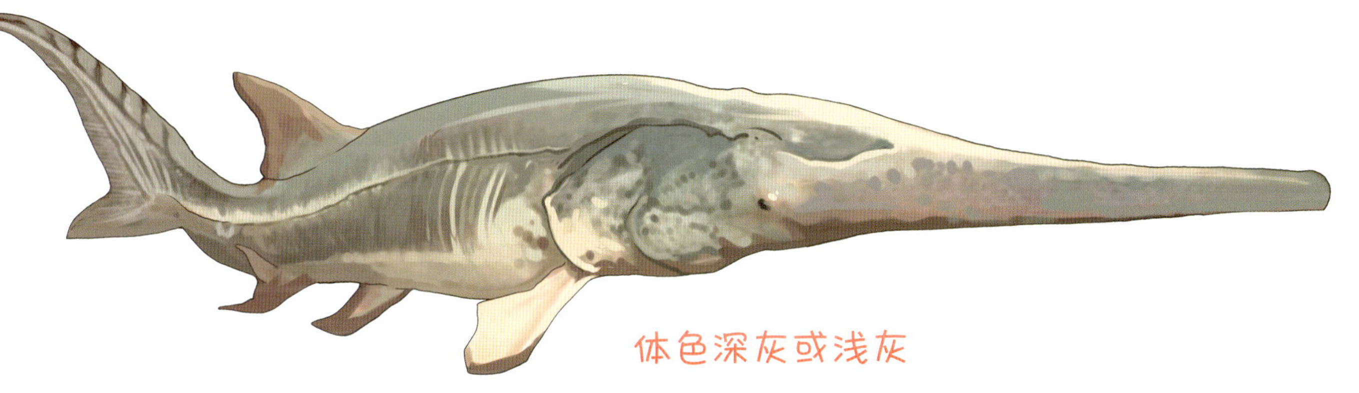

体色深灰或浅灰

2022年7月21日，世界自然保护联盟正式宣布长江白鲟灭绝，让人痛心！人们最后一次看到白鲟是在2003年，救援人员救助了一只奄奄一息的受伤白鲟。为了进一步追踪和保护，这只白鲟康复后，科研人员为它安装了声呐并把它放回长江。不幸的是跟踪这只大白鲟的船意外触礁，从此人类永远失去了这只大白鲟的声呐信号，之后人类就再也没有见过白鲟……

大鲵

【拉丁学名】*Andrias davidianus*

【科】隐鳃鲵科

【属】大鲵属

【地理分布】分布广泛，中国山西、陕西、河南等地

极危
CR

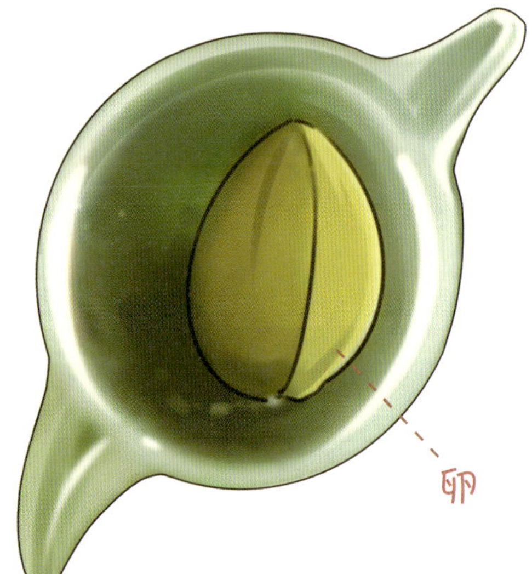

大鲵，俗称娃娃鱼，虽然叫“鱼”，但它却是现存最大的两栖动物，最大可以生长到2米长。大鲵有大脑袋和大嘴巴，小眼睛和小鼻孔，还有胖乎乎的四肢和扁尾巴，十足一个虎头虎脑的胖娃娃。

大鲵食性凶猛，和它憨憨的外表完全相反，又尖又密的牙齿能帮助它们牢牢咬住猎物。大鲵昼伏夜出，有冬眠习惯，喜欢阴凉，常在清澈、低温的溪流或者天然溶洞中活动，由于新陈代谢缓慢，当缺少食物时它们的耐饥能力也很强。

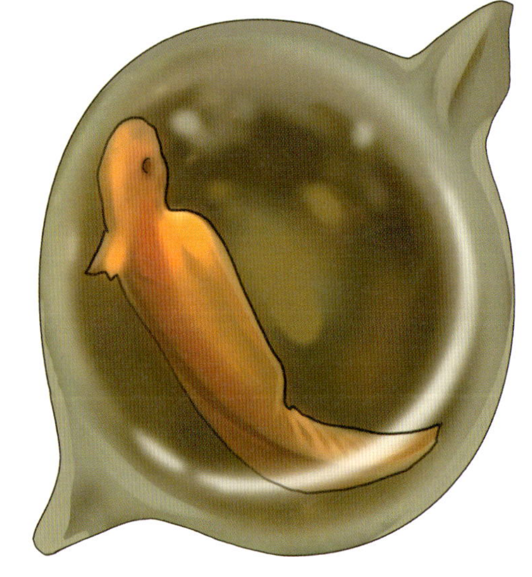

你知道大鲵在地球上存在多久了吗？

大鲵是珍贵而古老的中国特有物种，早在3.5亿年前，就和恐龙同在地球上繁衍生息。

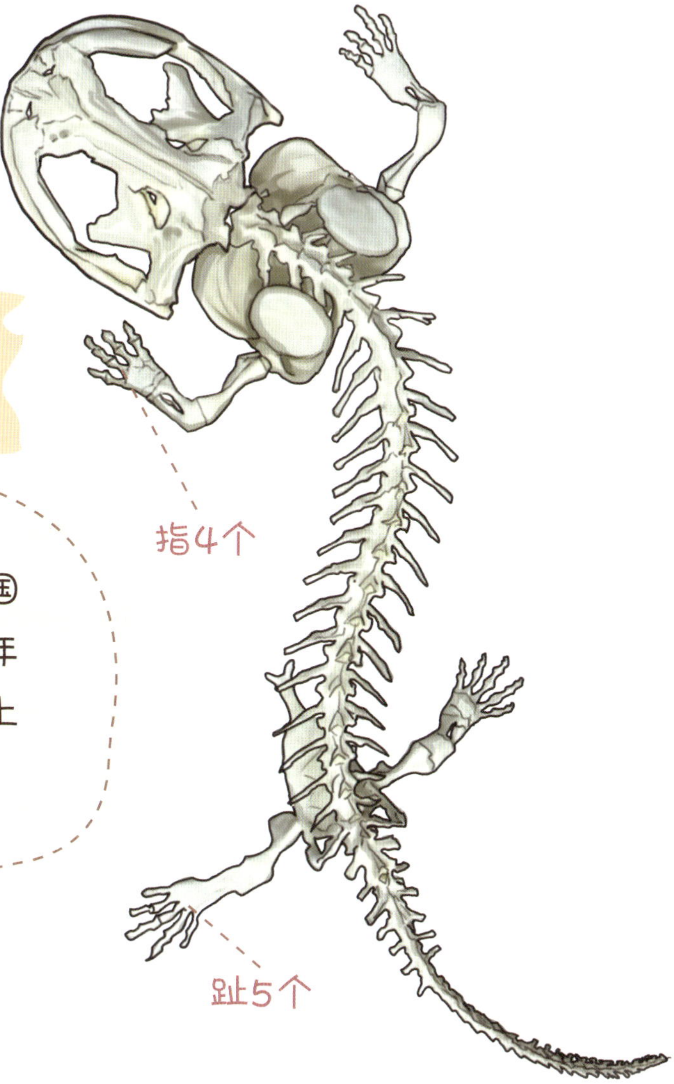

指4个

趾5个

大鲵不仅物种存活时间长，它们的寿命也很长。野生大鲵的平均寿命在80岁以上，人工繁育的大鲵也可达50～60岁。在现有的记录中，家住张家界的“笨笨”是最长寿的娃娃鱼，2012年被放归自然溶洞时它就已经130多岁了。

体大而扁平，全长58～83厘米

大熊猫

易危
VU

【拉丁学名】*Ailuropoda melanoleuca*

【科】熊科

【属】大熊猫属

【地理分布】中国四川、陕西、甘肃

大熊猫是中国特有种，它们已经在地球上生存了至少800万年，是我国的国宝。大熊猫体色为黑白两色，就像穿着一件黑色背心，眼睛周围有大大的“黑眼圈”，看起来憨态可掬！

虽然成年大熊猫的体重最重能达到180千克，但是刚出生的大熊猫宝宝的平均体重只有140克，大概是3个鸡蛋那么重，只有妈妈体重的千分之一左右。

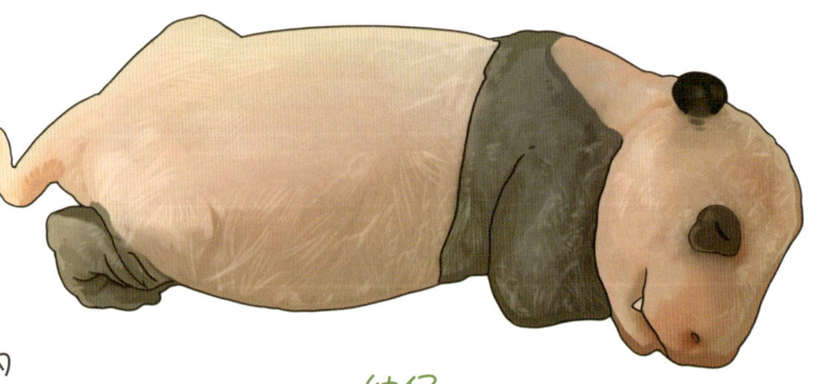

幼仔

大熊猫是一种以竹子为主食的杂食性动物，喜欢吃新鲜的竹子和竹笋，由于它们的肠道并不能很好地分解吸收竹子中的营养，所以它们每天要花很多的时间取食大量竹子来获得足够的营养。

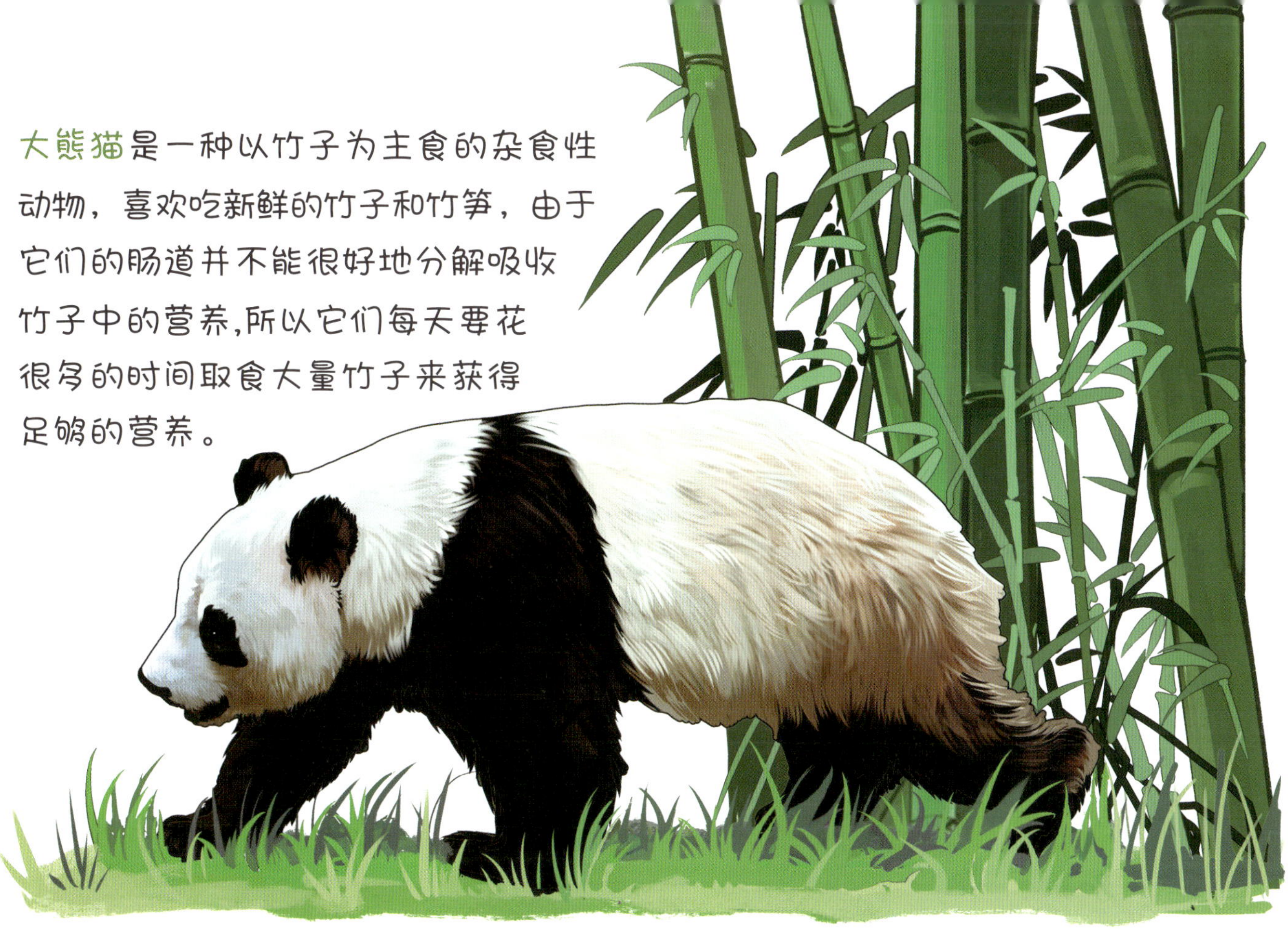

标志性的内八字行走方式

在北京动物园，有一只明星大熊猫，叫萌兰。萌兰性格活泼好动，2021年12月15日，它凭借自己矫健的身手爬到了运动场外的缓冲区，之后被饲养员拦截，虽然最终“越狱”失败，但这次行动让它一举成名。它还时常给大家展示自己的拿手绝活——一字马，是一只名副其实的“功夫熊猫”！

头躯长
1.2～1.8米

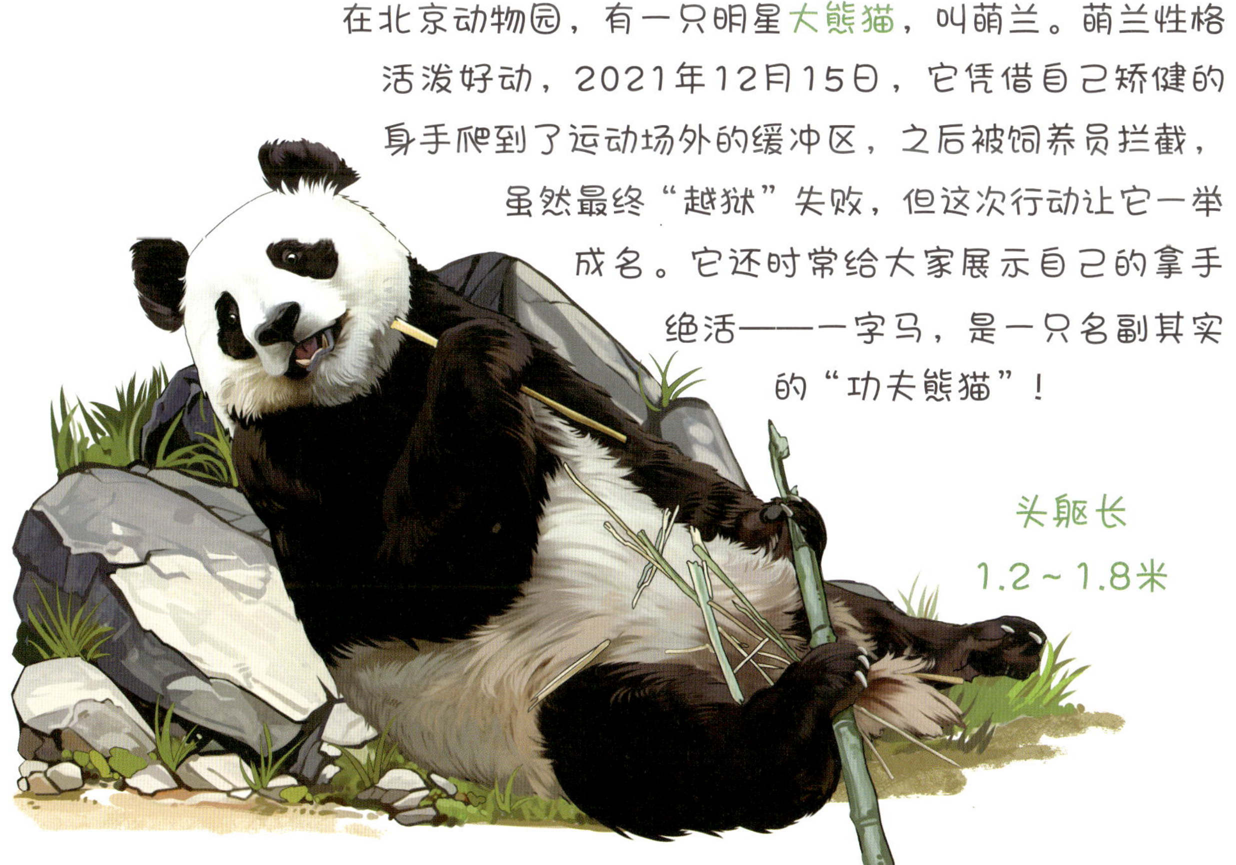

峨眉髭(zī)蟾

【拉丁学名】*Vibrissaphora boringii*

【科】角蟾科

【属】髭蟾属

【地理分布】中国贵州、四川、云南、重庆、湖南、广西等地

濒危 EN

雄蟾，体长7～9厘米

“髭”是“胡须”的意思，每到繁殖季节，雄蟾的上唇边缘就会长出10～16枚黑亮的角质尖刺，像是一根根竖立的胡子，因此人们也称它们为“胡子蛙”和“角怪”。雄蟾的“胡子”过了繁殖期便会脱落，而雌蟾无论何时都不会长“胡子”。雄蟾的“胡子”不只是性别特征，能用于搏斗、争夺领地和交配权，还能在水底的岩石下刨洞挖坑建造雌蟾产卵的场所。雄蟾“父爱”浓厚，会在雌蟾产卵完毕后寸步不离地守在巢穴里照看，直到卵群孵化成蝌蚪。

卵

峨眉髭蟾是我国特有珍稀濒危两栖动物。它的幼体即蝌蚪生长非常缓慢，3年左右才能退化掉尾巴变成幼蟾，上岸后的幼蟾还得经历2年时间才能长到成年。

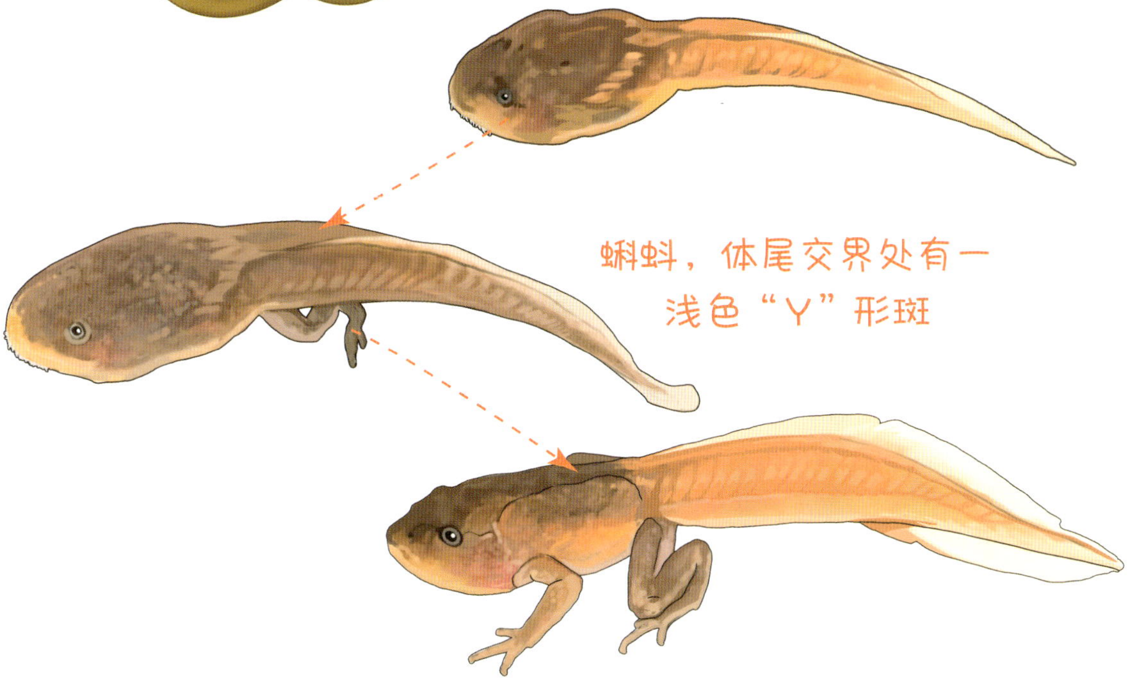

蝌蚪，体尾交界处有一浅色“Y”形斑

因为生长时间长，所以峨眉髭蟾蝌蚪很大，体长能超过12厘米，常被误认成“娃鱼”，因此有些不法分子会把它们包装成“娃鱼”在餐厅出售，大家如果发现非法售卖行为，一定要及时报警。希望大家在峨眉山、梵净山等地见到它们时，不要惊扰，让这种可爱珍贵的小动物长留溪间。

雌蟾，体长6～8厘米

海南毛猬

海南毛猬是我国海南岛的特有物种，是比较原始的一种食虫类动物。看它的名字你是不是以为它和咱们认识的小刺猬一样，身上长着密密麻麻的刺呢？其实，海南毛猬身上不仅没有刺，鼠灰色的被毛还很软。海南毛猬体长13～15厘米，跟田鼠差不多大，嘴巴尖而长，以昆虫为食，偶尔也吃灌丛里的果实和种子。

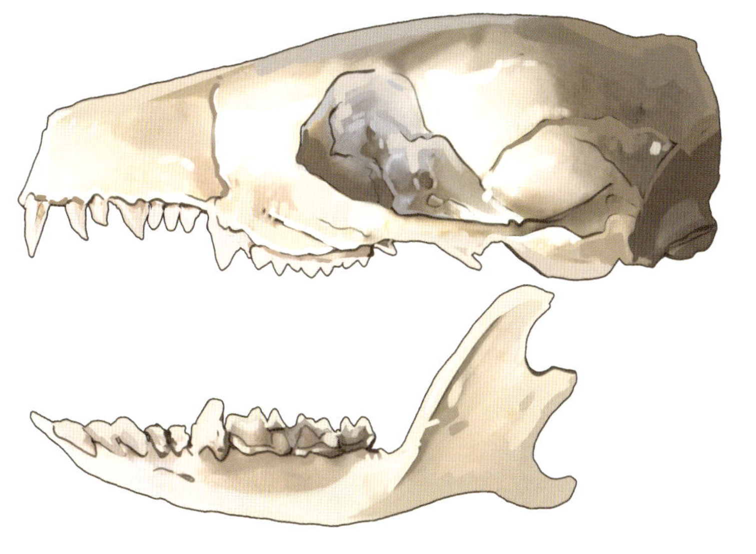

海南毛猬活动不太敏捷，通常栖息于热带雨林与次生林中，白天它一般会躲在洞穴中，等到天黑了才出来活动觅食。

1957年，人们首次在中国海南白沙县发现海南毛猬，1959年它被作为一个新属和新种正式描记。近年来，由于适合海南毛猬生存的热带雨林和常绿阔叶林面积已严重不足，栖息地破碎化严重、质量下降，海南毛猬的种群数量正在慢慢减少，目前它已被列为濒危物种，保护海南毛猬的脚步刻不容缓。

海南长臂猿

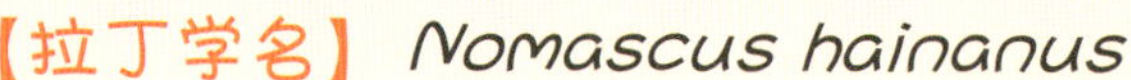

【拉丁学名】*Nomascus hainanus*

【科】长臂猿科

【属】冠长臂猿属

【地理分布】中国海南

极危 CR

成年雌猿

海南长臂猿又称海南黑长臂猿、海南黑冠长臂猿，是世界上最濒危的灵长类动物，它们只生活在中国的海南岛。

成年雄猿

海南长臂猿手臂长，瓜子脸，颜值高，鸣声嘹亮。猿妈妈毛色金黄，温柔美丽，猿爸爸毛色乌黑，低调沉稳，新生的猿宝宝则基本无毛。它们的食谱很广，最爱吃的是熟透的浆果，鲜嫩的枝叶和花蕊也是不错的“下饭菜”，偶尔还会尝尝蜂蜜、昆虫、鸟蛋的味道。

海南长臂猿个个都是杂技高手，林间荡行是它们的看家本领，它们几乎终生脚不着地，一生都在高高的树冠上生活。作为中国特有物种，神秘类人猿海南长臂猿，一度濒危到只剩下7～9只，被称为“人类最孤独的近亲”。如今，在海南热带雨林国家公园霸王岭片区内，海南长臂猿种群数量恢复到7群42只。

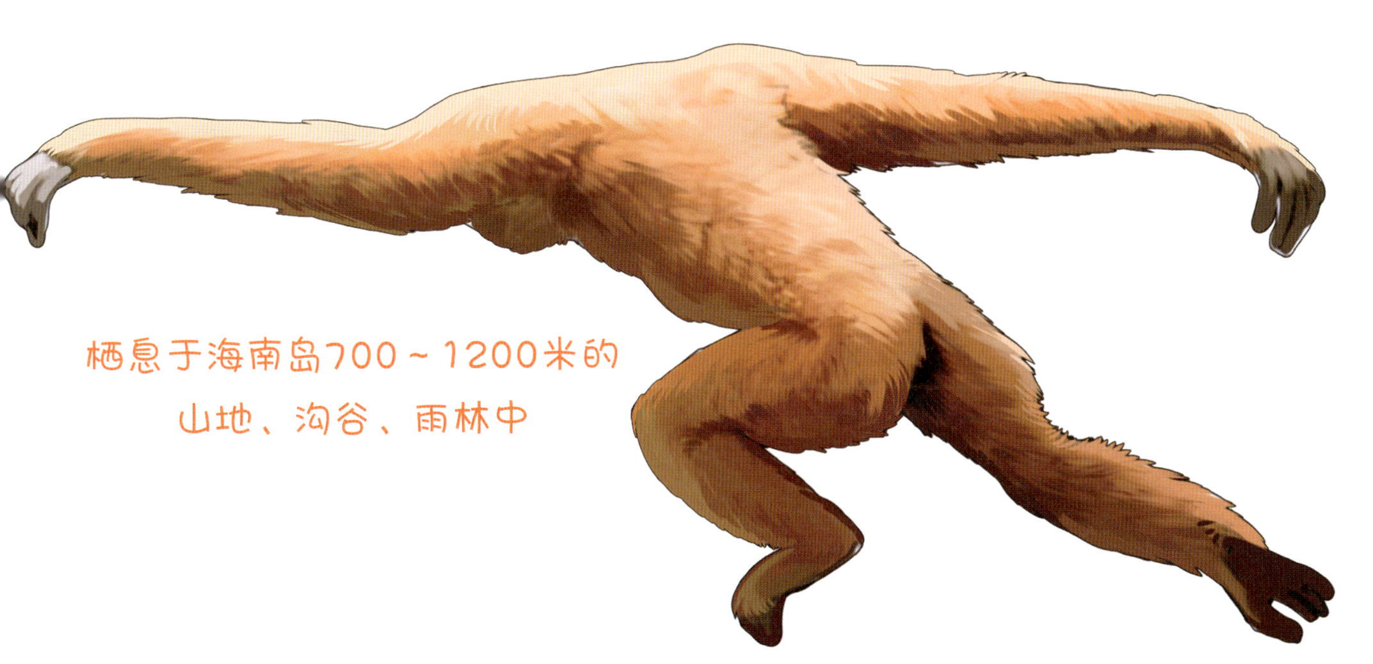

栖息于海南岛700～1200米的山地、沟谷、雨林中

褐马鸡

【拉丁学名】*Crossoptilon mantchuricum*

【科】雉科

【属】马鸡属

【地理分布】中国山西、河北西北部、陕西黄龙山和北京东灵山

褐马鸡是中国特有珍稀鸟类，被列为国家一级保护野生动物，有“东方神鸟”之称。褐马鸡个子很大，长得也很美，全身浓褐色，头部和颈部为灰黑色，脸和两颊没有羽毛覆盖呈艳红色，最特别的是耳部那一簇白色羽毛，像两个突出的犄角，非常神气。它的尾羽又长又大，羽支下垂，披散时像马尾，被称为“马鸡翎”。古代官员顶戴的“花翎”便是由褐马鸡和孔雀的尾羽做成的。

卵

幼仔

褐马鸡是禽鸟类动物中的“拼命三郎”，生性暴躁、骁勇善斗。古往今来，褐马鸡因其好斗的习性被认为是勇猛的象征。从汉代开始，历代帝王便用褐马鸡的尾羽来装饰武将的帽盔，而褐马鸡却因这漂亮的尾羽一直被乱捕滥猎，直到我国颁布了《中华人民共和国野生动物保护法》，大规模猎杀褐马鸡的现象才被遏止。由于褐马鸡栖息地海拔不高，离人类生活区域较近，因此保护这种华丽神鸟的工作仍是一场持久战。

荒漠猫

幼仔

【拉丁学名】*Felis bieti*

【科】猫科

【属】猫属

【地理分布】中国西藏、青海、内蒙古、甘肃、四川、宁夏及陕西等地

易危 VU

荒漠猫是中国13种猫科动物中唯一的中国特有种，又称漠猫、草猞猁、中国山猫。它们赖以生息繁衍的典型栖息地，并非它们名字中的“荒漠”，而是高原山地、高山草甸等生态资源较为富饶的区域。荒漠猫体形比家猫要大，麻褐色的毛发是它们在高山草甸里最好的伪装。它们生性警觉，昼伏夜出，听力和视力十分敏锐，与家猫不同，荒漠猫妈妈会以谨慎的蹲坐姿势给幼猫喂奶。

在浅山的灌丛和农田交界的栖息地里，荒漠猫主要以鼢鼠、鼠兔等为食物，是非常厉害的“农田卫士”！ 这些捕鼠能手常常做好事不留名，也是人类农业生产活动、造林、护林的好帮手。

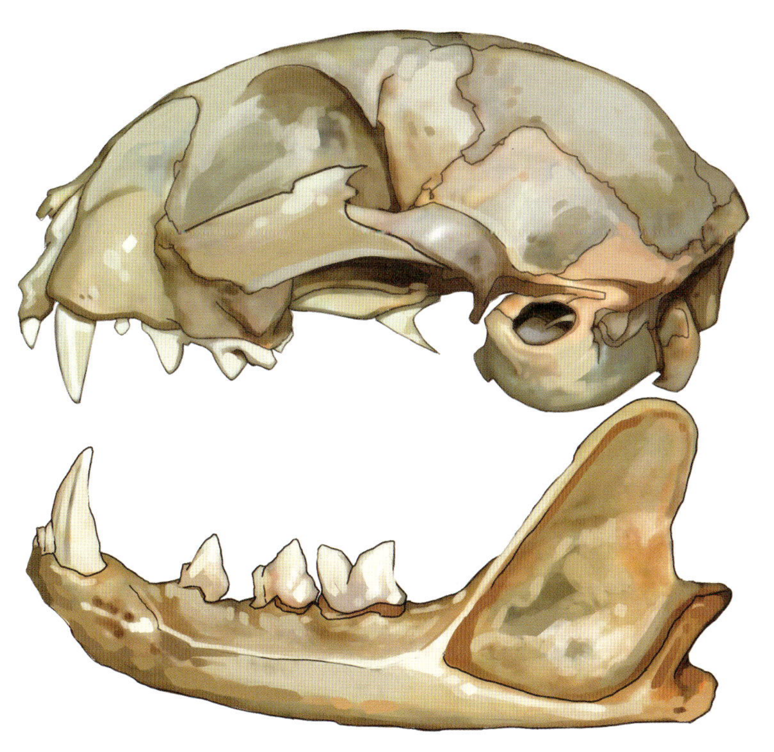

这种人与荒漠猫在一个稳定有序的生态系统中相互依存，相安无扰的现象，成为科研团队探索人与野生动物和谐共生的极好范例。

蓝冠噪鹛(méi)

极危
CR

【拉丁学名】*Pterorhinus courtoisi*

【科】噪鹛科

【属】*Pterorhinus*

【地理分布】中国江西婺源

蓝冠噪鹛是世界上最濒危的雀形目鸟类之一，目前可知的分布范围仅在江西婺源及其周边地区。它们体型不大却有不俗的颜值，蓝灰色的顶冠，黑色的眼罩，鲜黄色的喉，褐色上体，黑色尾端，还有略带白边的外侧尾羽，仿佛天然的“调色板”，分外漂亮。

蓝冠噪鹛是一种勇敢、团结的动物，它们合作繁育雏鸟，共同驱赶天敌。它们也是最爱干净的鸟类之一，每天都会在河边植被隐蔽的地方成群洗澡。

蓝冠噪鹛是我国特有的珍贵鸟类，目前野生种群仅有200余只，一旦绝灭，便是全世界不可挽回的损失。

蓝冠噪鹛美丽、稀少又神秘，大家都想一睹它的风采，因此每到繁殖期，婺源都会迎来众多观鸟、拍摄的人。繁殖期的鸟类是非常敏感的，外界的干扰会影响亲鸟对雏鸟的饲育，甚至会导致亲鸟弃巢而去的严重后果。

希望大家文明观鸟，不要借着“爱”的名义对蓝冠噪鹛“围追堵截”，还它们一个平静又安全的生活环境。

绿尾虹雉

【拉丁学名】*Lophophorus lhuysii*

【科】雉科

【属】虹雉属

【地理分布】中国西南山区

易危
VU

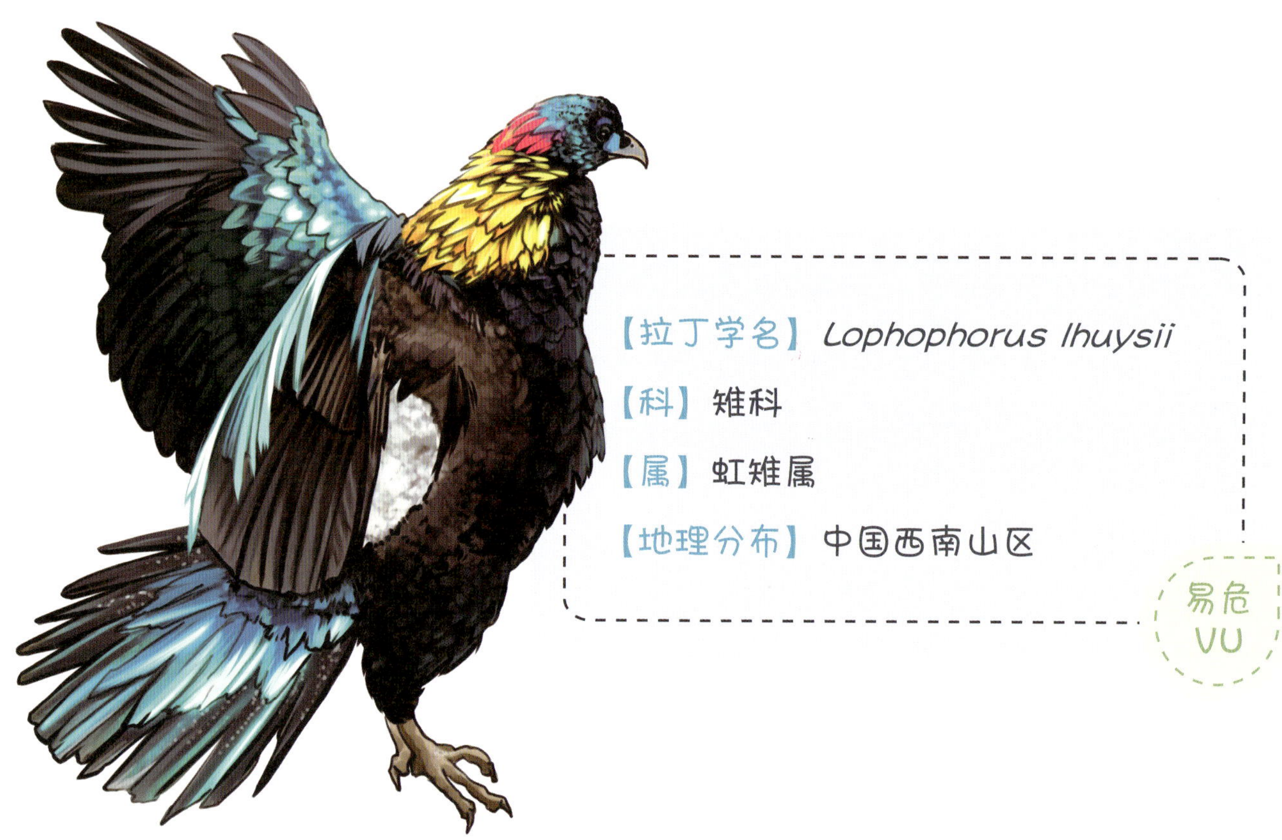

绿尾虹雉属于大型雉类，体长58～82厘米，栖息于海拔3000～5000米的高山草甸、灌丛和裸岩地带。雄雉眼前有一块天蓝色的裸斑，头顶一簇青铜色至红铜色的羽冠，身上的羽色为结构色，在阳光照耀下折射出彩虹般的金属光泽。相比之下,雌雉的羽色则“低调”许多，呈深栗色，是一种很好的伪装色，能帮助它们有效地融入环境，躲避天敌。

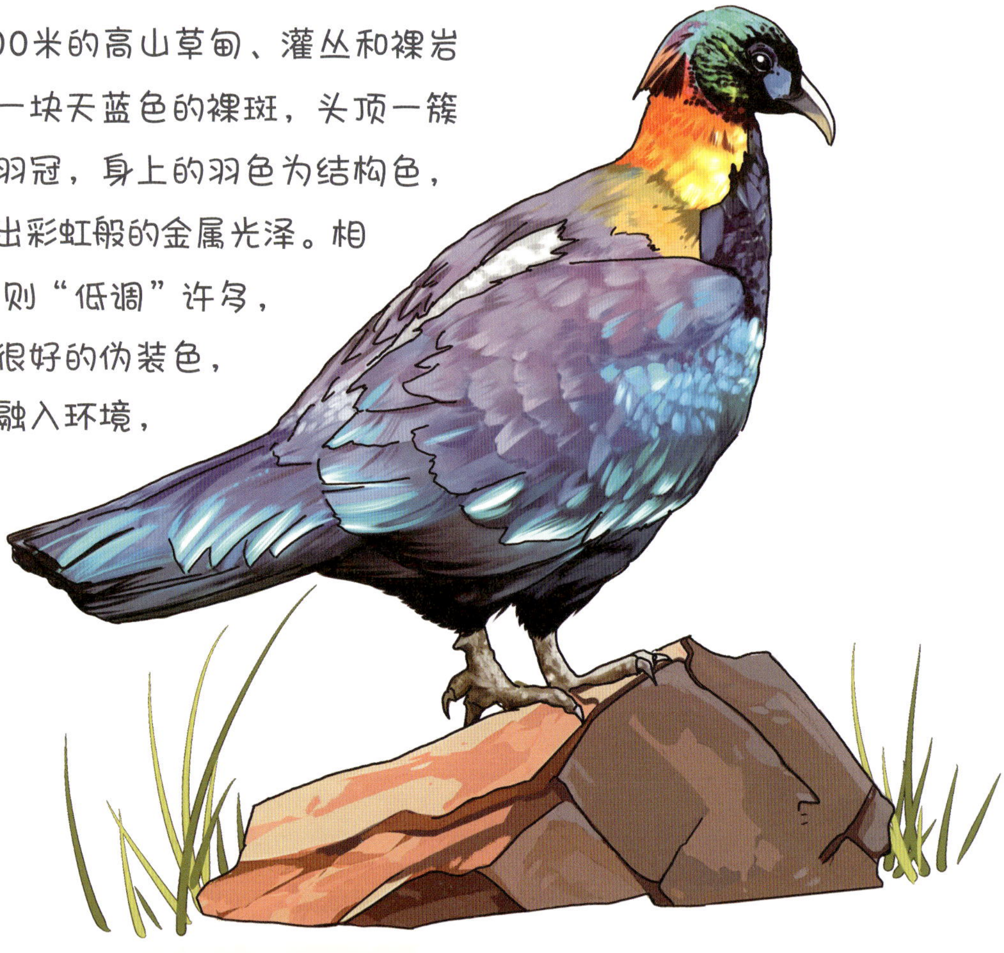

雄雉，背部体羽主要为
深蓝绿色，具金属光泽

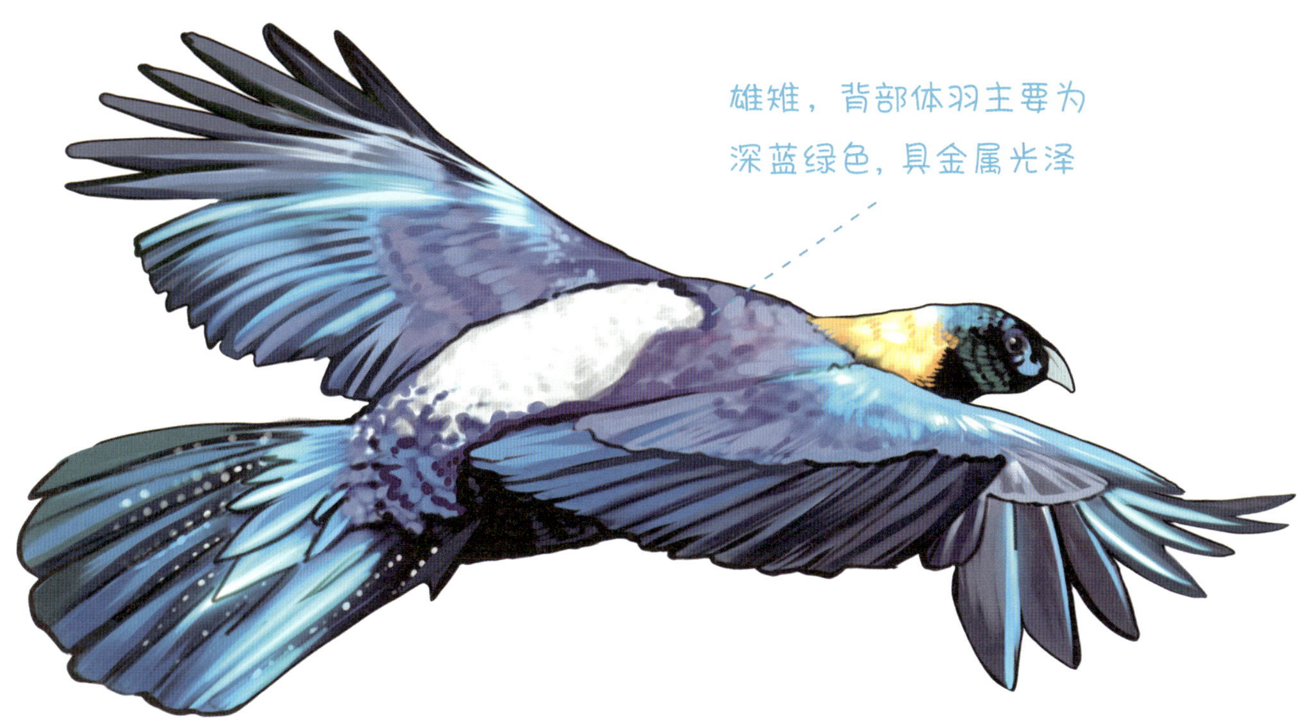

绿尾虹雉是典型的植食性动物，以植物的根、地下茎、球茎等部分为食，因为特别爱吃贝母的球茎，又被称为“贝母鸡”。强壮有力的钩形喙如老鹰一般，因此也被人称为“鹰鸡”。除了喙和老鹰的相似之外，绿尾虹雉还掌握了一个飞行秘诀，飞行时能像猛禽一样借助气流向上的举力，由低处向高空盘旋翱翔，这种超常的飞行能力在其他雉类中非常少见。

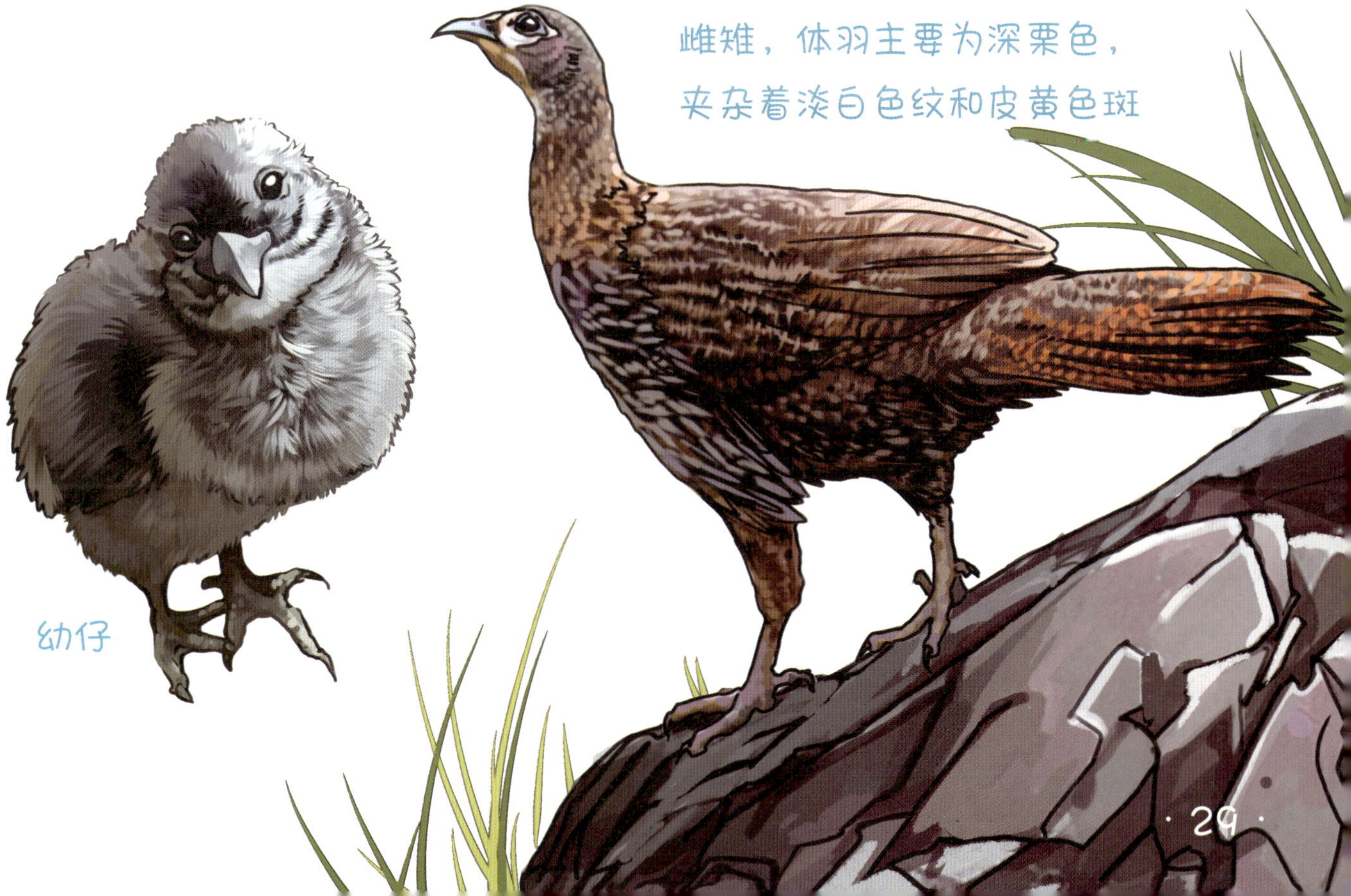
雌雉，体羽主要为深栗色，
夹杂着淡白色纹和皮黄色斑
幼仔

麋鹿

【拉丁学名】*Elaphurus davidianus*

【科】鹿科

【属】麋鹿属

【地理分布】中国东部

极危 CR

雄鹿

麋鹿属于大型鹿类，是我国特有物种。它们生性机警、胆小，擅长“游泳”，主要生活在湿地和草原地区，因为角像鹿、脸像马、蹄像牛、尾像驴，也常被称为“四不像”。雄性麋鹿的头上有角，角会在冬季脱落，春天再重新长出来。

麋鹿曾广泛分布于我国长江中下游地区，但是由于人类活动和气候变化，20世纪初已野外灭绝。可喜的是，后来麋鹿被重新引入我国，如今在北京南海子、江苏大丰、湖北石首都已形成规模较大的种群，麋鹿再次在我国繁衍生息。

麋鹿，是吉祥神兽“麒麟”的原型，也是小说《封神演义》中姜子牙的坐骑。甲骨文和石鼓文中都有“麋”字的记载，《诗经》《楚辞》《春秋》等古籍中也可见有关麋鹿的诗词。“呦呦鹿鸣，食野之苹”描述的就是一群呦呦鸣叫的麋鹿在田野间悠闲吃草的祥和景象。“逐鹿中原”“鹿死谁手”等成语中的“鹿”，也都指的是麋鹿。

雌鹿

脸型较长，吃草时眼睛能始终露出草外监视周遭环境

黔金丝猴

【拉丁学名】*Rhinopithecus brelichi*

【科】猴科

【属】仰鼻猴属

【地理分布】中国贵州梵净山

黔金丝猴是我国3种金丝猴中数量最少、分布范围最狭窄的一个类型，被称为“世界独生子”，世界自然遗产地梵净山是它们在地球上唯一的生活地。虽然是金丝猴家族的一员，但是它们的体毛大部分为黑灰色，只有前额、颈下、腋部及上肢内侧有金黄色毛发，肩窝处有鲜明白色毛发，长而粗壮的尾巴十分引人注目，因此也被称作“白肩仰鼻猴”“牛尾猴”。据统计，目前贵州梵净山国家级自然保护区内的黔金丝猴数量只有不到800只，处于极度濒危状态。

我国共有3种金丝猴，分别是黔金丝猴、滇金丝猴和川金丝猴，它们都是我国的特有种类。这3种金丝猴目前的处境都很不乐观，栖息地萎缩、野外食物来源不足等因素限制了它们种群数量的发展。尤其是黔金丝猴，一直在灭绝的边缘挣扎。也许，在我们还未真正了解黔金丝猴之前，这些拥有独特长相的猴子便会彻底隐入迷雾，只留下一个模糊的背影。让我们从现在开始关注和行动，帮助金丝猴们在险境中求得一线生机。

幼仔

主要生活在700～2200米的常绿、落叶阔叶混交林中

shí
鲥

极危
CR

【拉丁学名】*Tenualosa reevesii*

【科】鲱科

【属】鲥属

【地理分布】分布广泛

头侧扁

鲥，俗称锡箔鱼、鲥刺、三黎鱼。人们只能在每年初夏时节鲥鱼沿着河道洄游时才能见到它，所以叫它鲥鱼。

鲥为江海洄游性鱼类，平时生活在海洋中，4～6月生殖季节时会溯河而上，在江河中下游产卵繁殖。产卵后的成年亲鱼返回海中，受精卵浮在水面上随水漂流孵化，之后幼鱼进入支流或湖泊育肥，冬季前入海生活。

鲥鱼历来是长江、钱塘江、珠江等水系下游的名贵鱼类，在古代就被作为纳贡之物。沿江各地鲥鱼到达的时间各有不同，江苏是“谷雨见鲥鱼”，安徽是“清明早，芒种迟，立夏、小满正当时”，江西峡江是在端午，而广东珠江三角洲一带则在农历3月。现在，由于自然条件的变化以及人们过度捕捞，鲥鱼数量明显减少，已经被列入国家一级保护野生动物。小朋友们，让我们一起保护长江生态环境，自觉抵制野生“江鲜”消费。

四川林鸮(xiāo)

【拉丁学名】*Strix davidi*

易危 VU

【科】鸱鸮科

【属】林鸮属

【地理分布】中国西藏东南部、四川西部、甘肃南部与青海东南部

四川林鸮是中大型鸮形目鸟类，身高约54厘米，有着红色虹膜、黄色鸟喙和灰褐色面盘，下体羽毛有稀疏纵纹，连脚爪上都长着羽毛。四川林鸮分布范围狭窄，种群数量稀少，是我国唯一的鸮形目鸟类特有种。它们通常栖息于海拔2000米以上的针叶林、阔叶林及针阔叶混交林中，是山林中的顶级猎手，以捕食鼠类、兔类以及小型鸟类为主。

大家都知道，鸮指的就是猫头鹰，林鸮就是生活在森林中的猫头鹰。人们常常将熬夜晚睡的人称为“夜猫子”，而夜猫子最早指的就是猫头鹰。绝大部分猫头鹰都是夜行性动物，白天躲藏在树冠、岩洞之中，等到傍晚来临它们才开始外出捕食。虽然猫头鹰的视力在夜晚很好，但是眼睛却不会转动，为了满足向不同方向张望的需求，猫头鹰进化出了可以270°自由旋转的脑袋。

无耳羽簇

面庞灰色

嘴黄色

西藏温泉蛇

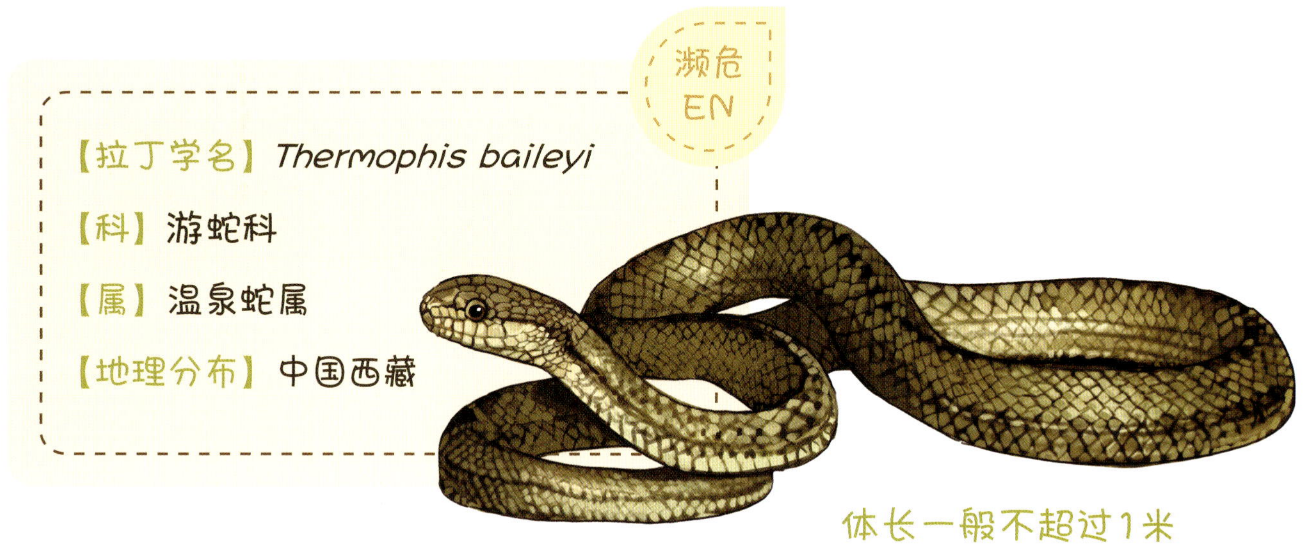

体长一般不超过1米

西藏温泉蛇是我国西藏地区的特有物种，生活在平均海拔4000米以上的青藏高原腹地。之所以叫它“温泉蛇”，是因为它是变温动物，最怕低温，只能借助雪山顶上的温泉提升体温。

躯干及尾背面为橄榄绿色，有三行暗褐色斑块

西藏温泉蛇无毒，是一种昼行性蛇类，上午出洞后盘伏于温泉附近的石头上吸收热量，下午气温变高时才去捕食高山蛙、鱼和老鼠等，日落后则钻回温泉附近的石缝中休息。

冷血动物又称变温动物，除了哺乳类和鸟类之外，地球上大部分动物都是变温动物。变温动物的体温不是恒定的，会随环境温度的变化而变化。当温度下降时，变温动物或是利用阳光取暖，或是钻进地下、洞穴中冬眠，还有的会游向温暖水域。

由于变温动物能利用自然条件调节体温，所以相比于恒温动物，体重相同的前提下，变温动物只需要恒温动物1/10～1/3的食物就能存活下去，这也就是为什么人一个星期不吃饭就很难存活，而有的变温动物不吃东西却可以活1年甚至更久。

生活于海拔3960～4350米温泉附近的石堆、水边、沼泽草甸中

胭脂鱼

易危
VU

【拉丁学名】*Myxocyprinus asiaticus*

【科】胭脂鱼科

【属】胭脂鱼属

【地理分布】长江干流及通江湖泊和中上游的主要支流，福建闽江水系

胭脂鱼又称黄排、火烧鳊、红鱼等，被誉为“亚洲美人鱼”！这么多好听的名字全因它拥有神奇的“换装”本领。幼年期的胭脂鱼体侧有3条黑褐色斜斑，但是到了成年期，黑褐色斜斑就消失了，身体两侧会各出现1条绛红色的条带，这种条带从鳃盖一直延伸到尾部，看起来就像涂上了一层胭脂，非常漂亮。成年的胭脂鱼常常栖息在江河中下层的水体，最喜欢吃的食物是浮游动物、底栖动物和植物碎屑等。

幼鱼

在鱼类家族中，有很多成员和胭脂鱼一样，幼年期相貌与成年期相貌差异很大。比如紫红笛鲷，幼年时它们身上长有七八条银色条纹，是“爱穿条纹衫的少年”。随着年龄增长，它们开始变得“不爱打扮”，身上的条纹逐渐消失。还有斑点羽鳃笛鲷，幼鱼体色像虎鲸一样黑白分明，而成鱼的体色大多呈灰黑色，还会随着年龄增长逐渐变黄，与幼时的“黑白穿搭”相比，可以说是“判若两鱼”。

扬子鳄

【拉丁学名】*Alligator sinensis*

【科】鼍(tuó)科

【属】鼍属

【地理分布】中国安徽、浙江

极危
CR

幼体

扬子鳄，俗称猪婆龙、土龙。在2亿年之前，它们曾经和恐龙共同称霸地球，是中生代恐龙的唯一近亲，因主要生活在长江（扬子江）而得名。扬子鳄体长2米左右，却只能算鳄形目家族里的“小家伙”，长相虽凶，性情却较温顺，不会主动攻击人类，靠捕食水鸟、鱼类及水生无脊椎动物等为食。

为了度过严寒的大冰期和逃避敌害，扬子鳄练就了高超的挖洞打穴的本领，头、尾和锐利的趾爪都是它挖洞打穴的工具。它的洞穴常有几个洞口，洞穴内曲径通幽、纵横交错，好像一座地下迷宫。

扬子鳄能感知暴雨来临前的低压环境，并发出“隆隆隆”的吼声。它的这一特点在许多古籍中都有记载，例如晚唐诗人许浑在《闲居孟夏即事》中写道“鱼跃海风起，鼍鸣江雨来”，意思就是海风吹起时鱼儿跃出海面，在鼍的声声鸣叫中江雨下起来了。这里的“鼍”指的就是扬子鳄。在以农耕为主的中国古代，雨水多一般都意味着好收成，因此扬子鳄也被我国古代劳动人民赋予了美好的寓意。

伊犁鼠兔

伊犁鼠兔是中国新疆特有的一个物种，数量极为稀少，已处于濒临灭绝的境地。它长得既像老鼠又像兔子，拥有一身浓密且柔软的棕褐色皮毛，主要生活在海拔2850～4100米的天山裸岩地区陡峭的岩壁上，是可爱的“天山精灵”。

伊犁鼠兔多是“独行侠”，不冬眠，以金莲花、虎耳草、红景天、雪莲等高山植物为食，但是由于栖息地环境较差，食物并不充足，为了度过寒冷的冬季，它们养成了提前贮藏食物的习惯。

和鼠兔家族其它成员白天活动的习性相反，除冬季外，伊犁鼠兔大多是在夜间进行贮草、迁移等活动，可能是由于种群数量稀少，无法在活动时轮流警戒“放哨”，为了躲避天敌的攻击，在进化过程中选择了夜间活动。

云南光唇鱼

【拉丁学名】*Acrossocheilus yunnanensis*

【科】鲤科

【属】光唇鱼属

【地理分布】珠江水系，长江中上游及其支流

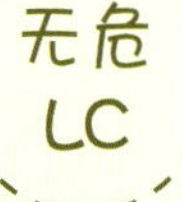

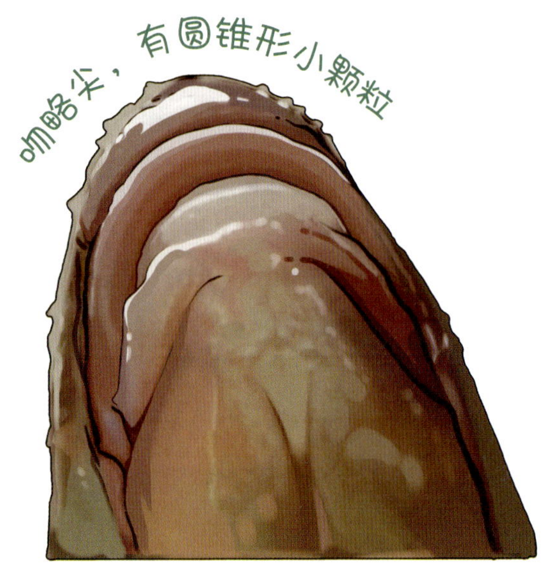

云南光唇鱼又称马鱼、花鱼、红尾子等，是中国特有鱼类。它们个体不大，体长15～20厘米，幼时身体体侧和背鳍基部有6～10个黑色斑块，成年后这些黑斑渐渐消失，取而代之的是泛着淡淡金光的青灰色身体，再配上红色的尾巴，非常美丽。

云南光唇鱼主要栖息于多石块的缓流水环境中，作为亚热带鱼，最适宜的生长水温是25℃～28℃，但与众不同的是，它们较耐低温，在5℃水温中也能生存。

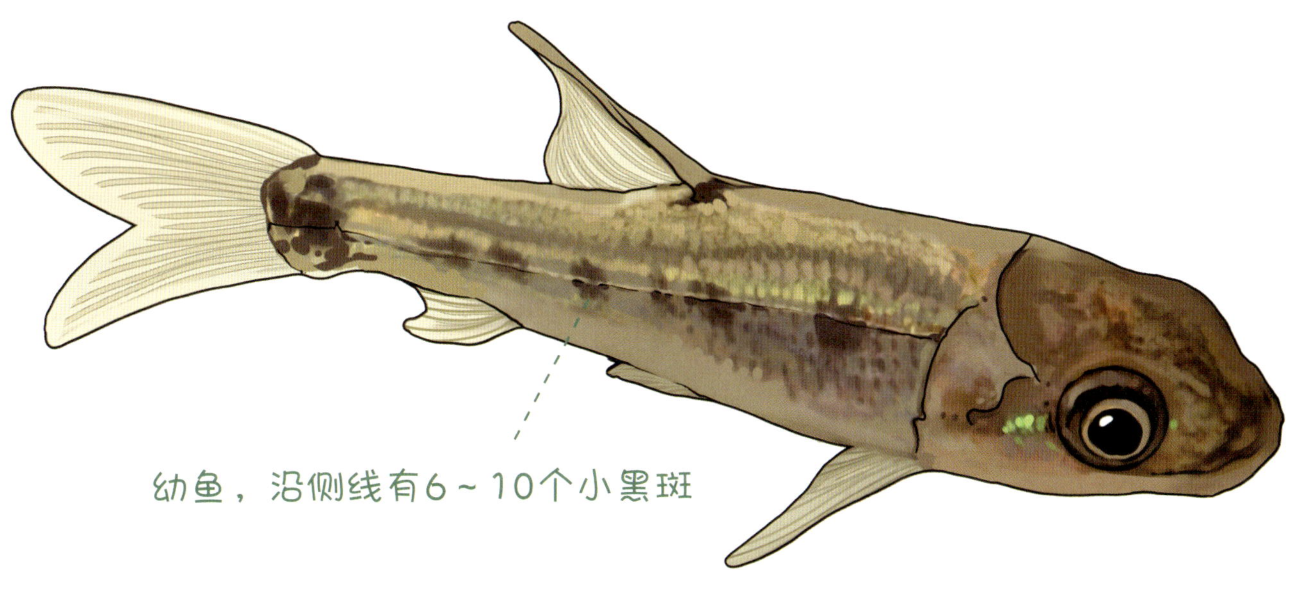

云南光唇鱼号称“K歌”之鱼，是江里的“灵魂歌手”。它们产卵期间，鱼鳔内空气振动可以发出娓娓动听的声响。这种声响时强时弱，还有音律呢，周围100米水区内都能听见它美妙的“歌声”。

长江江豚

极危
CR

【拉丁学名】*Neophocaena asiaeorientalis*

【科】鼠海豚科

【属】江豚属

【地理分布】长江中下游干流和与之相通的洞庭湖、鄱阳湖

长江江豚又名江猪，曾和中国特有的白鱀豚一同在长江中下游生息繁衍万年以上。如今，白鱀豚可能已功能性灭绝，而长江江豚则成为长江中唯一的鲸类物种。

长江江豚体型较小，体长1.2～1.9米，体表非常光滑，头部是钝圆的，额头微微凸起，嘴巴有一定弧度，犹如一张笑脸，因此被人们称为“微笑天使”。长江江豚性情活泼，喜欢生活在江湖近岸，它们或三五成群，或独自行动，时而翻滚、跳跃，时而点头、喷水，特别顽皮与灵动。江豚妈妈会以驮带、携带的方式和江豚宝宝一起行动。

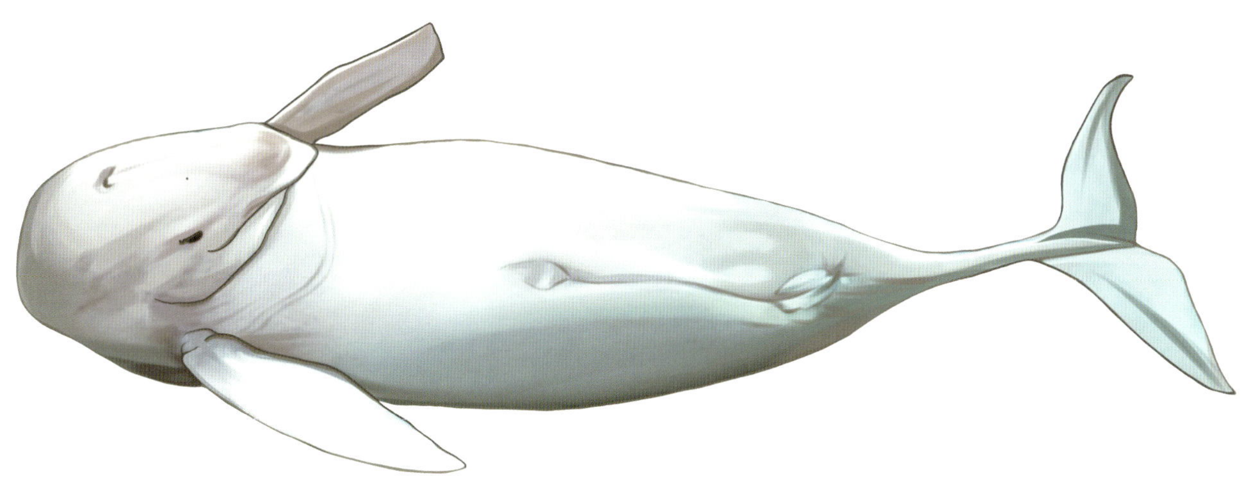

视力不好的长江江豚如何感知信息和交流呢?

长江江豚主要依赖发达的声呐系统导航、探测、觅食和交流。探测环境、捕食时它们会发出高频脉冲信号,同伴间交流时则发出低频连续信号。声呐技术也为人类所广泛应用,例如水下通信和导航,保障舰艇、反潜飞机的使用等,为人类的生产生活安全保驾护航。

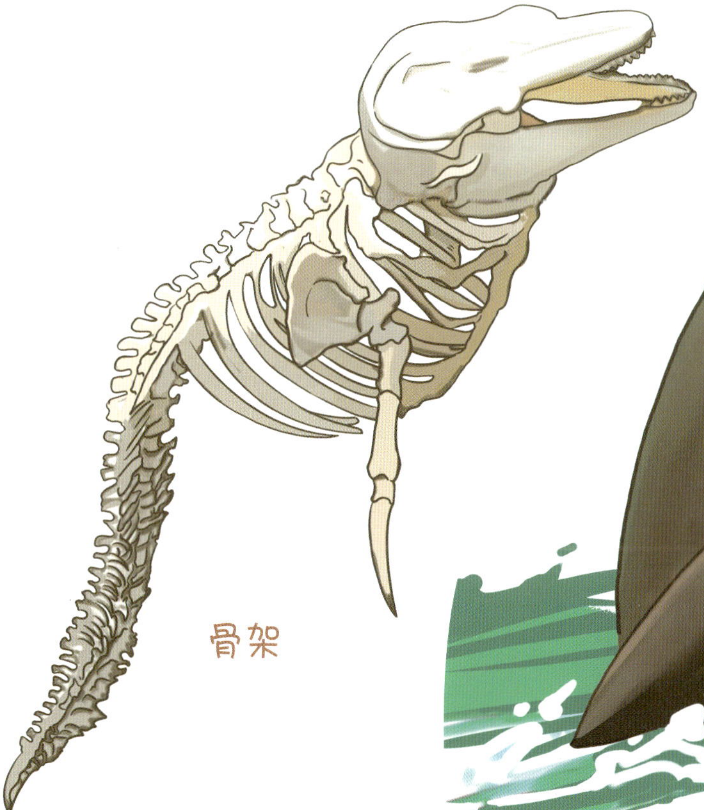

骨架

悄悄话邮局

如果动物能收到你的信，你会对它说什么？

神奇动物证件照

给你喜欢的动物画一张证件照吧！